Sitzungsberichte
der Heidelberger Akademie der Wissenschaften
Stiftung Heinrich Lanz
Mathematisch-naturwissenschaftliche Klasse
Jahrgang 1926. 9. Abhandlung.

Gibt es Gesteine, die für bestimmte Erdperioden charakteristisch sind?

Von
Wilhelm Salomon
in Heidelberg

Eingegangen am 16. September 1926

Berlin und Leipzig 1926
Walter de Gruyter & Co.
vormals G. J. Göschen'sche Verlagshandlung / J. Guttentag, Verlagsbuchhandlung / Georg Reimer / Karl J. Trübner / Veit & Comp.

Gibt es Gesteine, die für bestimmte Erdperioden charakteristisch sind?

In dem von mir herausgegebenen Lehrbuch „Grundzüge der Geologie“ setzte ich dem Abschnitt „Das Gesteinsmaterial der Erdkruste“ als Geleitwort den Satz voran: „Nach dem ältesten Archäikum hat sich jedes Gestein zu jeder Zeit der Erdgeschichte gebildet.“

Ich war mir vollständig klar darüber, daß dieser Satz auf Widerspruch stoßen würde. So hat vor allem ANDRÉE auf S. 527 desselben Lehrbuches gesagt: „Daher bedarf auch unseres Erachtens der Geleitspruch des Herrn Herausgebers auf S. 31 wenigstens bezüglich der Schichtgesteine einer gewissen Interpretation, die dahin zu lauten hätte, daß die Sedimente der Vorzeit gegenüber den rezenten Bildungen einerseits vielfach Kollektivtypen darstellen, zum anderen, aber infolge ganz besonderer Kombination der Bildungsumstände — auch Änderungen der Komponenten (Organismen!) — Typen aufweisen können, welche von den heutigen recht weit abstehen.“ Er denkt bei diesen Überlegungen z. B. auch an die altumstrittene Frage, ob wir echte Tiefseeabsätze aus früheren Erdperioden kennen.

Ganz abgesehen von diesen in der Tat beachtenswerten Einwänden ist aber zu berücksichtigen, daß man noch vor gar nicht langer Zeit in weitverbreiteten und geschätzten Lehrbüchern den „petrographischen Charakter einzelner Formationen“ beschrieben fand, woraus doch klar hervorgeht, daß man bestimmte Gesteine für charakteristisch für die betreffenden Formationen hielt. Ja noch vor weniger als zwei Jahrzehnten stand die Gesetzgebung des deutschen Reiches unter dem Einfluß der natürlich von wissenschaftlicher Seite verfochtenen Vorstellung, daß bauwürdige Kalisalze sich nur einmal in der Erdgeschichte gebildet und erhalten hätten.

Auch beim Kupfer des Perms sind einzelne Forscher geneigt, die Lagerstätten auf einen besonderen Kupferreichtum dieser Erdperiode zurückzuführen. Ich will nun zwar nicht die theoretische Möglichkeit bestreiten, daß die von V. M. GOLDSCHMIDT in Oslo erkannten und in so ausgezeichneter Weise erforschten Saigerungsvorgänge der Erdmasse in bestimmten Zeiten der Erdgeschichte einzelne Elemente besonders stark in die höheren Teufen der Erdkruste befördert haben könnten. Wenn das aber auch der Fall gewesen sein sollte, so würde es sich jedenfalls um Zeiträume handeln, die viel länger als die einzelnen Erdperioden sind. Darum ist es mir äußerst unwahrscheinlich, daß ein verhältnismäßig so kurzer Zeitabschnitt wie das Perm im Gegensatz zu anderen Perioden auf diese Weise zu einem besonderen Kupferreichtum gelangt sein sollte.

Dann aber hat der leider vor kurzem zu früh verstorbene ausgezeichnete russische Forscher I. SAMOILOFF in einer wichtigen Arbeit[1]) darauf hingewiesen, daß bestimmte Organismen einzelne auffällige Elemente so speichern, daß sie wohl einen Einfluß auf die chemische Zusammensetzung der Gesteine haben könnten. Die bekanntesten Beispiele dafür sind die nach BÜTSCHLIS Entdeckung Sr SO_4 speichernden Acantharier, die nach F. E. SCHULZE Ba-sammelnden Xenophyophoren und die nach HENZE in ihrem Blute Vanadium anhäufenden Ascidien. Man sieht also, daß mein Geleitspruch in der Tat einer Prüfung bedarf.

Bis vor gar nicht sehr langer Zeit war die Geologie von der Vorstellung beeinflußt, daß das Klima, bzw. allgemeiner die für alles Geschehen auf der Erdoberfläche maßgebenden physikalischen und chemischen Konstanten noch während des Karbons andere als in der Gegenwart gewesen seien. War es doch eine weitverbreitete Annahme, daß sich der Kohlenreichtum des Karbons durch die damals angeblich noch höhere Temperatur der Erdoberfläche erkläre. Schon die Entdeckung der permischen Vereisungen gab dieser Auffassung einen schweren Stoß. Als aber nun gar präcambrische Vereisungen nachgewiesen wurden, blieb nur noch die Annahme übrig, daß sich die physikalischen Konstanten seit dem Archäozoikum entweder überhaupt nicht oder jedenfalls nur in reversibler Weise geändert haben. Ebensowenig läßt es sich wahrscheinlich machen, daß die chemischen Konstanten seit dem Archäozoikum eine irreversible Änderung durchgemacht hätten. Es kann allerdings sein, daß die geothermische Tiefenstufe im Archäozoikum noch geringer war als in der Gegenwart, eine Vermutung, die KÖNIGSBERGER ausgesprochen hat. Aber auch wenn er recht hat, würde dadurch nur die Teufe und Geschwindigkeit der Gesteinsmetamorphosen verringert worden sein, nicht aber die primäre Beschaffenheit der Gesteine. Es ist mir daher kein Grund

---

[1]) Palaeophysiologie (Palaeobiochemie) und ihre geologische Bedeutung. Zeitschr. d. Deutsch. geologischen Ges. 74, 1922, Monatsber. S. 227—244.

ersichtlich, warum sich die Erstarrungsgesteine des Archäozoikums oder gar späterer Ären und Erdperioden von den gegenwärtigen oder untereinander unterscheiden sollten.

Ohne weiteres gebe ich zu, daß das für beide große Gesteinsgruppen im Archäikum nicht zuzutreffen braucht. Es ist sogar sehr wahrscheinlich, daß im ältesten Archäikum, vor der Bildung der Ozeane und bei noch hoher Temperatur der Erdoberfläche, aus der Atmosphäre Schnee von Na Cl und anderen Salzen niederfiel. Ebenso können bei dem viel höheren Drucke der Uratmosphäre und bei ihrer chemisch verschiedenen Beschaffenheit damals etwas abweichende Ergußgesteine, und nach Bildung des ersten noch warmen und chemisch abweichenden Ozeanes andere Sedimente gebildet worden sein. Es konnten sich z. B. damals rein anorganische Kalksteine aus dem Meere ausscheiden, während es ja eine Streitfrage ist, ob das heute noch geschieht. Indessen kennen wir bis jetzt wenigstens keine sicheren Gesteine aus dieser ältesten Periode der Erdgeschichte.

Viel schwieriger liegt die Frage bei den Sedimenten der späteren Zeiten. Zweifellos haben sich die Organismen, welche sich an der Bildung und Zerstörung der Gesteine beteiligen, dauernd stark verändert. Es ist wohl möglich, daß die älteste Fauna keine kalkigen Skelette oder Panzer besaß. Ebensowenig wissen wir genau, von welchem Zeitpunkt an Kieselsäure von Organismen zum Aufbau von Hartteilen benützt worden ist.[1])

Bei den Pflanzen ist behauptet worden, daß die botanische Verschiedenheit der älteren Floren von den jüngeren sich in der Verschiedenheit der Steinkohlen von den Braunkohlen geltend mache. Die Vanadinspeicherung der Ascidien, die Strontiumaufhäufung der Acantharier könnte sich theoretisch in der Beschaffenheit bestimmter Sedimente geltend machen. Samoiloff führt in der ersterwähnten Arbeit eine ganze Anzahl von Funden von Schwerspatkonkretionen an, die im russischen Jura, und zwar im Oxford-Sequan niveaubeständig auftreten. Er macht es wahrscheinlich, daß sie primär und auf Meeresorganismen zurückzuführen seien. Natürlich denkt er in erster Linie an die Xenophyophoren. Bei dem Kupferreichtum bestimmter permischer Sedimente, insbesondere des Kupferschiefers, erinnert er an die Tatsache, daß bestimmte Mollusken und Krustazeen Kupfer in ihrem Blute haben. Auf Grund dieser und anderer Beob-

---

[1]) Samoiloff bemüht sich zu zeigen, daß „der geschlossene Kieselzyklus der Pflanzen und Tiere als älteste Gruppe der Organismen anzusehen" ist. Zentralblatt f. Mineralogie. 1924. S. 598.

achtungen hebt er mit Recht die große Bedeutung des chemischen Studiums der Organismen-Hartteile hervor sowie die Möglichkeit einer Änderung des chemischen Aufbaues dieser Hartteile in geologischen Zeiten. Er hat eine besondere, sehr interessante Arbeit über diesen Gegenstand veröffentlicht: Die Evolution des Mineralbestandes des Skeletts der Organismen (a. a. O. S. 594—607). Aber er selbst zeigt auch, daß Baryt sich noch heute am Meeresgrunde ausscheidet und somit den heutigen Sedimenten denselben petrographischen Charakter wie den jurassischen verleihen kann.

Ich sehe also hier lediglich die Möglichkeit, daß bestimmte Mineralien den Sedimenten erst von einem bestimmten Zeitpunkt an oder nur bis zu einem bestimmten Zeitpunkt beigemengt sein könnten, nicht aber daß sie für bestimmte Erdperioden allein charakteristisch sein würden. Wenigstens ist das letztere ungemein unwahrscheinlich.

Man berücksichtige auch, daß wir trotz der starken Verschiedenheit der paläozoischen Flora von der tertiären karbonische Braunkohlen und tertiäre Steinkohlen kennen.

Unleugbar besteht aber die von ANDRÉE hervorgehobene Möglichkeit[1]), daß zu irgendeiner Zeit ein Meeres- oder Festlandsbecken von besonderer morphologischer Eigenart, z. B. infolge einer selten verwirklichten Kombination von Klimaverhältnissen eine eigenartige Sedimentation erhielte. Ich denke dabei an den Kupferschiefer oder an die Schreibkreide. Ich gebe zu, daß diese Gesteine individuelle Merkmale besitzen, die sie bei unserem heutigen Kenntnisstande absondern und somit für bestimmte Zeiten der Erdgeschichte charakteristisch erscheinen lassen können.

Handelt es sich aber dabei und bei den SAMOILOFFschen Beispielen wirklich um selbständige Gesteine? Ist nicht der Kupferschiefer lediglich ein mit etwas Kupfer[2]) und Bitumen imprägnierter „Mergel“, der von SAMOILOFF beschriebene Juraton ein „Ton“ mit Barytknollen und die Schreibkreide ein bis zum heutigen Tage locker gebliebener „toniger Kalkstein“? Wahrscheinlich liegen uns in anderen Formationen verfestigte Schreibkreiden vor, bei denen es nur schwer möglich ist, die ursprüngliche Beschaffenheit zu erkennen. Dasselbe gilt meiner Ansicht nach auch vom Löß.

Die im Titel dieser Arbeit gestellte Frage wird man also mit ANDRÉE für bestimmte Sedimentgesteine bejahen können, wenn man

---

[1]) Siehe S. 3.

[2]) Würde das Kupfer keine technische Bedeutung haben, so würde wohl niemand auf seine winzige Menge im Kupferschiefer hin in diesem ein selbständiges Gestein sehen.

das, was ich nur als Individualmerkmale ansehen möchte, als spezifische Unterschiede auffaßt. Anderenfalls wird man sie mit mir verneinen. Es ist also weniger eine grundsätzliche als eine Zweckmäßigkeits- und Definitionsfrage. Mir persönlich will es aber zweckmäßiger erscheinen, wenn man sie verneint. Dann wird sich niemand der trügerischen Vorstellung hingeben, daß er an demselben Gestein in weit entfernten Gegenden die Erdperiode wieder erkennen kann. Damit will ich aber natürlich die große Bedeutung der von SAMOILOFF gewissermaßen als sein wissenschaftliches Testament hinterlassenen Forschungsweise nicht verkleinern. Ich bedauere nur, daß es ihm selbst nicht möglich gewesen ist, sie weiter zu erproben.

FSC
www.fsc.org
MIX
Papier | Fördert
gute Waldnutzung
FSC® C083411

Zeitfracht Medien GmbH
Ferdinand-Jühlke-Straße 7
99095 Erfurt, Deutschland
produktsicherheit@kolibri360.de